꼬마탐정 차례로 다니크와 고흐의 방

梵谷名畫的失蹤事件

科學天才小偵探 2

金容俊 김용준 著

崔善惠 최선혜 繪

吳佳音 譯

登場人物

車禮祿

十三歲，科學天才。十二歲時為大學物理系及化學系的首席畢業生。任何事皆以科學的方式說明，有系統地整理及歸類會帶給他滿足感。羅迪博士的朋友、車博士和尹博士的兒子。

羅迪博士

文化遺產及人類學的專家。個性雖然隨和，但若被叫「羅單身」，則會像失去理智一般激動。若非要說出他的缺點，大概會是髒亂、懶惰、很會睡、討厭小孩這些吧！

車博士

車禮祿的爸爸，舉世聞名的機器人科學家。已經和著迷於大自然魅力的太太一起奔向太平洋的無人島。

尹博士

車禮祿的媽媽，揚名國際的化學家。現在正全心教育著無法適應校園生活的車禮祿。

碎念十三號

車禮祿父母寄來要照顧他的機器人，具有多元的機能，特別是嘮叨！

丹妮珂・梵・倫斯特拉

（Danique Van Leenstra）

荷蘭貴族倫斯特拉家族唯一的後代。除了自己的母語外，還精通韓語、英語、法語與日語等十種外語。父母離世後，靠著展示名畫的收入來維持生活，擁有《在亞爾的臥室》的第三個版本。

潔米・鄭

韓裔荷蘭籍的僑胞。十歲以前在韓國生活，之後移民到荷蘭。除了擔任倫斯特拉家族的管家，也是丹妮珂的家教老師。

維多·德·亞克

（Victor d'Arc）

人們稱他為景維多。雖生為法國人，卻經營著荷蘭及韓國的維多飯店。為了慶祝飯店開幕，他想要舉辦一場紀念展示會。持有各式各樣的名畫，也是《在亞爾的臥室》第二個版本的主人。擁有騎士（Knight）的爵位。另一方面，他認為1688年法國侵襲荷蘭的九年戰爭時，法國應該占領荷蘭的領土。

亨利·馬丁

是一名國際警察。被國際刑警組織派遣去解決發生在荷蘭的第一件《在亞爾的臥室》竊盜案件。

《在亞爾的臥室》畫作說明

文森．梵谷《自畫像》

荷蘭的後印象主義畫家文森・梵谷（1853～1890年）是19世紀末的印象派巨擘。1880年，梵谷開始繪畫創作，他的作品有八百多幅油畫及一千多幅素描，包含《向日葵》、《星夜》、《在亞爾的臥室》等眾所皆知的名畫。

1888年，梵谷在亞爾的拉馬丁廣場附近，租了一幢黃房子，他畫的《在亞爾的臥室》便是那時候住的房間。1890年，他已住在聖雷米的精神療養院中，後來他因在麥田裡受槍傷而不幸傷亡。短暫的十年創作，就此劃下句點。

《在亞爾的臥室》第一個版本

1888年10月，梵谷畫了第一幅《在亞爾的臥室》。梵谷的房間裡盡是紅、橘、黃、綠、藍、紫這六種強烈的色彩，而且都使用原色呈現。

後來在12月時，梵谷和高更起了衝突，精神方面也變得很不安，導致他割下自己的左耳。

《在亞爾的臥室》第二個版本

梵谷於1889年9月，因為弟弟西奧的鼓勵，又畫了一次《在亞爾的臥室》。這時候的他，其實是在聖雷米的精神療養院。

《在亞爾的臥室》第三個版本

第二幅《在亞爾的臥室》完成後兩週，梵谷又畫了第三幅。這是為了要寄給在荷蘭的媽媽和妹妹而畫的作品。這幅作品跟前面兩幅相比稍微小了一點。

目錄

序幕

一頭灰白色頭髮的男人走出飯店門口，拿著麥克風的記者們迎向前去。

「景維多先生，這次的展覽如何呢？」

現場的相機閃光燈此起彼落的閃著，景維多先生的臉上掛著一抹柔和的微笑。

「託各位的福，《在亞爾的臥室》展覽非常成功。我們維多飯店的客房，也洋溢著如同《在亞爾的臥室》的藝術氣息。」

有一名記者笑著問：

「荷蘭之後的下一個地點是哪裡呢？」

展示會中展覽的畫作，正從飯店大廳的側門被搬運出來，景維多先生再次開口。

「下一個地方是韓國，在韓國的維多飯店二號店落成了，這次《在亞爾的臥室》三個版本，都將會展示出來。」

景維多先生滿是期待的展開雙臂，這時他身邊走來一位男子。

「景維多！」

「馬丁刑警，有什麼事嗎？」

「《在亞爾的臥室》不見了！」

「你說什麼？」景維多驚呼。

包括記者在內，在場的人全都吵成一片。馬丁刑警匆忙的開口：

「博物館擁有的第一個版本《在亞爾的臥室》不見了，但是您所擁有的第二個版本《在亞爾的臥室》還在。」

「怎麼會發生這種事？」景維多癱坐在地上。

1 金髮少女的《在亞爾的臥室》

羅迪走進房子裡，映入眼簾的是擺在客廳裡的新沙發和書桌，羅迪皺了皺鼻子。

「太棒了！沒有聞到一點燒焦的味道，比以前乾淨多了。」

「因為之前太亂了。」跟著進門的車禮祿說著。

羅迪轉過身子大喊：

「還不是因為你在房子裡做實驗，才引起火災的！」

「話應該要好好說。」車禮祿伸出食指左右搖動。

「我說錯什麼了嗎？」

「不是您把抹布丟在酒精燈上的嗎？」

「什麼！」

就在這個時候，門發出「叩叩」的聲音。

車禮祿打開玄關門，門外是碎念十三號。它是車博士為了要照顧兒子車禮祿和朋友羅迪而寄來的機器人，兩人看到它的螢幕上出現了一個笑臉。

「看來兩位忘記我了。」

「嚇我一跳！」

羅迪向後退了一步，因為碎念十三號的聲音，正是他媽媽的聲音。

羅迪的媽媽，每回看到他都嘮叨不止。「什麼時候要結婚啊？」「臥室該整理一下了！」等等。

碎念十三號擁有各種不同的聲音。

「車禮祿，換一下那個廢鐵的聲音啦！」

嘀嘀咕咕的同時，羅迪去廚房拿出冰箱裡的牛奶。車禮祿坐在客廳的沙發上，按下遙控器，電視上出現新聞主播的畫面。

「上星期在荷蘭，第一個版本《在亞爾的臥室》失蹤了！為了找回名畫，國際警察正展開調查。」

「噗！」

羅迪從嘴裡噴出牛奶，灑在客廳的地板上。

「博士！您這樣好髒喔！」

羅迪飛快的跑到電視前，但電視頻道卻瞬間被轉到兒童頻道，畫面裡出現車禮祿很喜歡看的少年偵探動畫。

「欸！小子，正在播報重要的新聞，把遙控器給我！」

羅迪為了要搶走遙控器，摔得四腳朝天。

碎念十三號走到倒栽蔥的羅迪旁邊。

「偵測到危險！偵測到危險！踩到有牛奶的地板，滑倒的機率有百分之九十以上，請立即把牛奶擦乾。」

「真是的，都摔倒了才說有什麼用？」

羅迪揉了揉屁股後，站起來坐到車禮祿的旁邊。

「您還好嗎？《在亞爾的臥室》是什麼？怎麼讓您有這樣的反應？」車禮祿問。

羅迪一聽，心裡想著：「原來車禮祿還是有不懂的東西，這真是一個可以耀武揚威的好機會！」

第一個版本《在亞爾的臥室》失蹤了！

噗！
請不要把牛奶吐在地上。

「《在亞爾的臥室》是文森・梵谷的畫作，畫的是一八八八年自己在法國亞爾住的臥室。」

「梵谷是很有名的畫家？」

「細膩的筆法，以及彷彿被燃燒般炙熱的色彩！」

羅迪說明了梵谷獨特的畫風。

有一個傳聞，梵谷於一八九〇年去世，但過了十餘年，直到一九一三年，他的創作才被世界認可。

「車禮祿，你對科學無所不知，對藝術卻是孤陋寡聞，梵谷的畫作價值數十億元呢！」

「可是新聞裡是不是說第一個版本《在亞爾的臥室》，難道還有其他的《在亞爾的臥室》嗎？」

「你真機靈！《在亞爾的臥室》總共有三幅。」

「同一個作品有三幅嗎？」車禮祿露出驚訝的表情。

羅迪一聽，興奮的解釋：

「對，很相似的作品，但是畫好幾幅。唉呀！我的手！」

羅迪抓著左手手腕，露出快要哭出來的表情。

「我的骨頭好像斷了！」

車禮祿從口袋裡拿出一個小型的無線遙控器。

「那是什麼？我說我的手在痛，你卻拿出玩具？」

「等等您就知道了！」車禮祿拉出了天線。

碎念十三號來到羅迪的身邊。

「碎念十三號有X光的功能，請舉起您的左手。」

碎念十三號的雙手，一

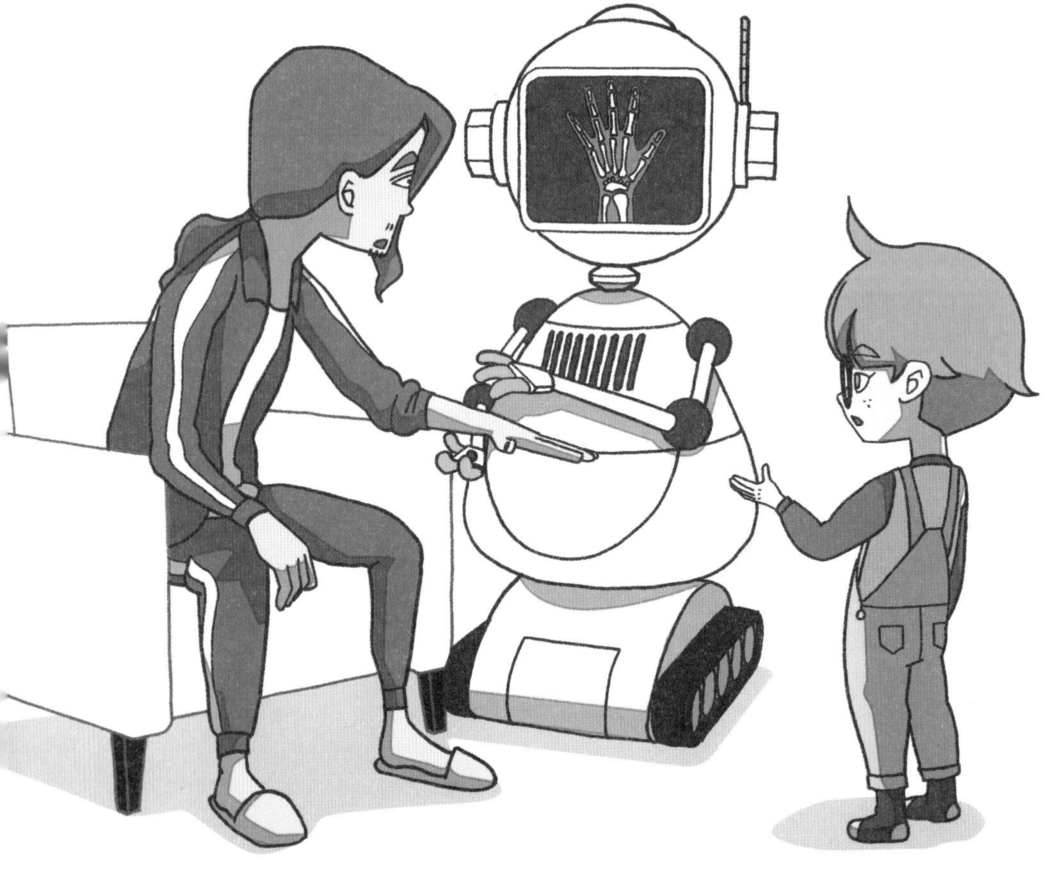

上一下的包住羅迪的左手。

「嗶嗶嗶嗶！」碎念十三號的畫面閃爍著紅燈。

「現在要進行X光檢查，即將放射輻射線。」

「什麼？我討厭輻射線！」

車禮祿拍了拍羅迪的背，試著讓他安心。

「少量沒關係，其實輻射在我們生活周遭無所不在。」

碎念十三號馬上就拍好了，它身上的螢幕出現了羅迪的左手腕。

「骨頭沒有問題，用繃帶包紮一下，很快就會好的。」

「X光是在一八九五年由德國科學家威廉·倫琴發現的，X光可以穿透紙張、樹木和肌肉，連身體裡的骨頭都可以看得很清楚。倫琴因為發現X光，而獲得一九〇一年諾貝爾物理學獎，我將來也會獲得那個獎項。」

「叮咚！」門鈴響了。

「明明才剛回家不久，是誰來了？車禮祿，你去看看！」

「接待客人的事情應該是主人要做吧！」

「那今天讓你來當主人！」

車禮祿走到玄關開門，門外站著一個跟他看起來年紀相仿的女孩。

「有什麼事嗎？」

「這邊是羅迪住的地方嗎？」

「嗯？誰找我？」

羅迪從沙發起身，朝著玄關走去，金色頭髮的女孩盯著羅迪看。

「你是羅迪？」

「我的天啊！一個小孩子竟然直呼長輩的名諱！」

女孩穿著一件及膝的黑色洋裝。

「妳是誰？妳要找誰？」

女孩沒有回應車禮祿的問題，穿著鞋子走進客廳。羅迪翻了個白眼叫道：

「妳這孩子把地板踩髒了！」

女孩不加理會的繼續到處走、到處看。碎念十三號從廚房走出來。

「哇！這是女僕機器人嗎？」

車禮祿對直盯著碎念十三號的女孩說：

「在韓國，進屋的時候應該要脫鞋。」

「我住的地方是不脫的。」

女孩在沙發中央坐了下來。

「我是丹妮珂·梵·倫斯特拉，荷蘭貴族倫斯特拉家族中唯一的後代。」

什麼？

你是羅迪？

「那個高個子的人是羅迪？」丹妮珂問。

「怎麼會有這種沒禮貌的孩子？」

比起車禮祿，丹妮珂更讓羅迪生氣。

「我要去睡了！車禮祿，看你想怎麼招待這個客人了。」

羅迪走進在客廳旁邊的臥室，車禮祿坐在丹妮珂旁邊。

「為什麼要找博士呢？」

「因為他要跟我去某個地方。」

羅迪的聲音從臥室門縫裡傳出來。

「剛剛進來家裡的那個人說要去哪裡？我要睡了。」

車禮祿問丹妮珂。

「妳要去哪裡？」

「維多飯店，我要在那裡辦展覽。」

這個時候羅迪又出聲了。

「妳這個孩子跟我有什麼關係？」

丹妮珂突然站起來，向著臥室走去。

「什麼孩子？我是倫斯特拉家族中唯一的後代！」

車禮祿把手放在丹妮珂的肩膀上。

「冷靜，冷靜！妳要辦展覽？」

丹妮珂坐回原位。

「我的父母遺留下來的畫作要在韓國展覽。」

羅迪從門縫裡探出頭來。

「展覽？什麼畫作？」

「《在亞爾的臥室》。」

「《在亞爾的臥室》？」

車禮祿想起剛剛看到的新聞，第一個版本的畫不見了。

羅迪走回客廳。

「我的是第三個版本《在亞爾的臥室》，在荷蘭舉辦的展覽中，

展出了兩個版本的《在亞爾的臥室》，但是第一個版本不見了，這次的展覽，說不定我的也會不見。」

車禮祿用手托著下巴接著問道：

「難道不能不展出嗎？」

「管家都已經說好了，韓國最懂文化遺產的人不就是羅迪嗎？」

車禮祿不以為然的看著羅迪。

「是這樣嗎？我第一次聽說呢！」

「車禮祿，你這小子！你對文化遺產了解多少？不管怎樣，我只會待在我這乾淨的家裡！」

車禮祿和羅迪說話的同時，丹妮珂拿起了擺在桌上的無線遙控器。

「這是什麼？」

「啊！不能拿那個！」

車禮祿想要阻止，但是已經太遲了，丹妮珂按了下去。

原本在角落的碎念十三號，立刻衝破牆壁，跑進院子去。

「啊——啊——」

羅迪邊大叫邊跪在地上，丹妮珂見狀悄悄的把遙控器放回桌上。

「管家的力氣很大呢！」

牆壁破了一個大洞，羅迪難過的爬了過去。

「這又要到什麼時候才能修理好？」

「太激動對身體不好。」

車禮祿安慰著羅迪，羅迪轉過身對著丹妮珂大吼。

「欸！妳這孩子！」

「飯店已經訂好了。」

丹妮珂露出尷尬的微笑。

匡啷！
啊！
我的房子！

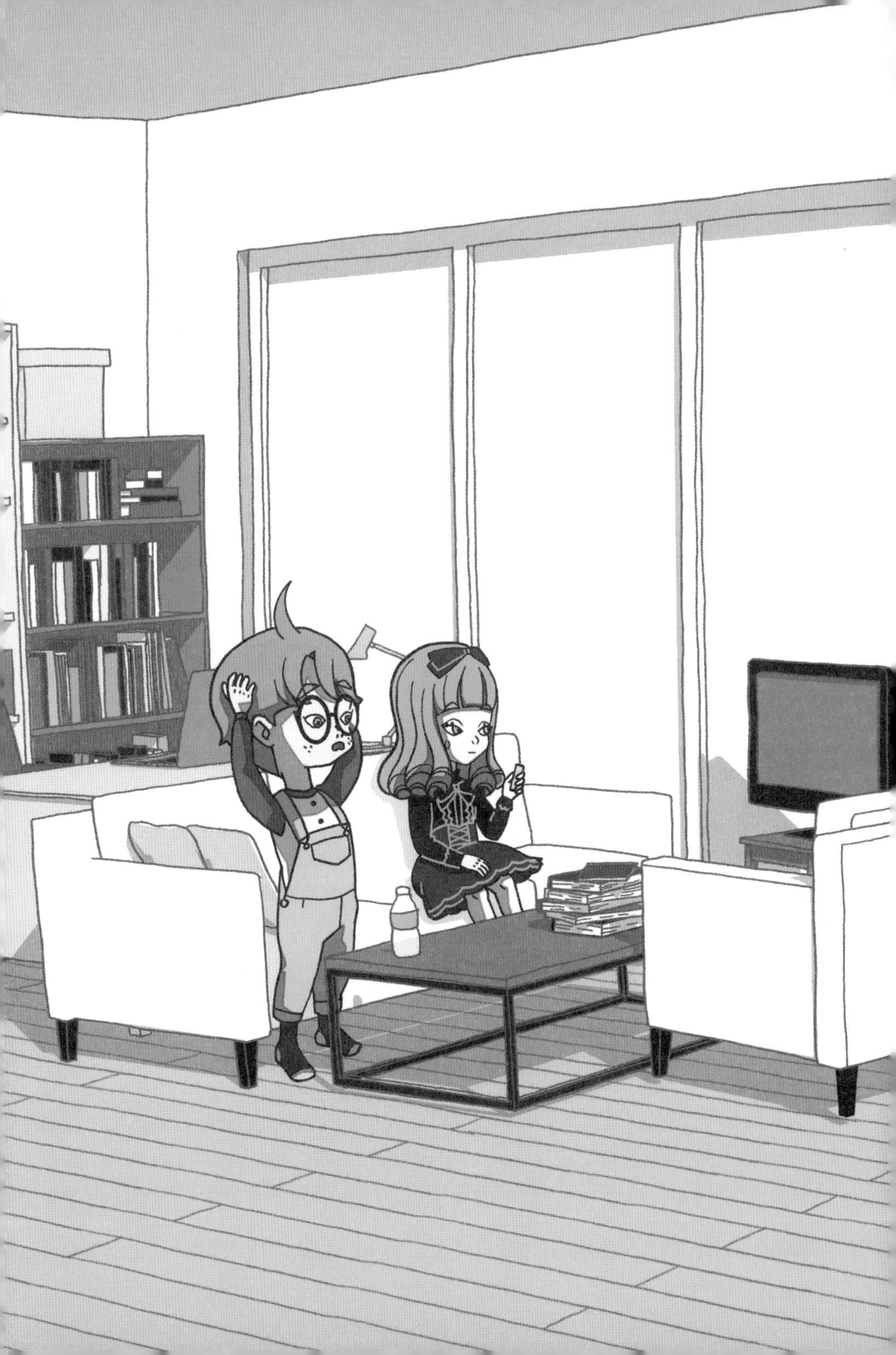

2 展覽密室的威脅信

維多飯店開幕隔天，在飯店三十樓禮堂舉辦《在亞爾的臥室》的展覽。維多飯店大廳入口前，駛來了一輛計程車，車禮祿、丹妮珂和羅迪依序下車。

車禮祿對羅迪說：

「聽說訂了最好的房間。」

羅迪因為新裝修的房子牆壁遭到破壞，仍舊耿耿於懷。

「最好的？我家才是最好的地方。」

「你可以在牆上裝一個玻璃窗。」丹妮珂對羅迪說。

「妳說什麼？這樣從外面不就都看得一清二楚了嗎？」

「在我們國家有很多這樣的房子。」

「這裡是荷蘭嗎？這裡是韓國！韓國！」

羅迪激動的駁斥丹妮珂的話，這時飯店入口的門前站著一名女子，她一看到丹妮珂，馬上大聲說：

「一句話也沒說就消失了，知道我找妳多久嗎？」

丹妮珂小姐，
我找妳好久了！
維多飯店

「潔米，我請來一位文化遺產專家，是韓國最好的！」

車禮祿對羅迪竊竊私語說著：

「那個姊姊好像是我們國家的人。」

女子一臉疑惑地看著羅迪和車禮祿，她自

我介紹叫潔米・鄭。在韓國出生，但是從小就移民到荷蘭，她是倫斯特拉家的管家，也是丹妮珂的家庭教師。

「車禮祿，走吧！」丹妮珂站在車禮祿前叫他。

羅迪跟著潔米走了，潔米邊走邊對羅迪說著丹妮珂的事情。丹妮珂的父母去年因飛機事故而喪亡，現在是倫斯特拉家族唯一剩下的人。

「原來如此，潔米小姐好像來韓國有一陣子了。」

和潔米說話的羅迪臉紅了，他挺著胸、努力擺出帥氣的表情，看來羅迪對潔米一見鍾情。

潔米看著前面的車禮祿，對羅迪說：

「那個孩子應該是您的兒子吧！」

「什麼兒子？我可是單身呢！」

車禮祿轉過頭說：

「羅單身是吧？」

聽到車禮祿說的話，羅迪心中不滿的想著。

「你，你不知道我有多麼討厭羅單身這個詞！」

羅迪看著潔米在旁就忍了下來，邊摸摸車禮祿的頭邊和藹的說：

「小子，潔米小姐會被你嚇到的，說話要小心。」

潔米打開飯店的門說：

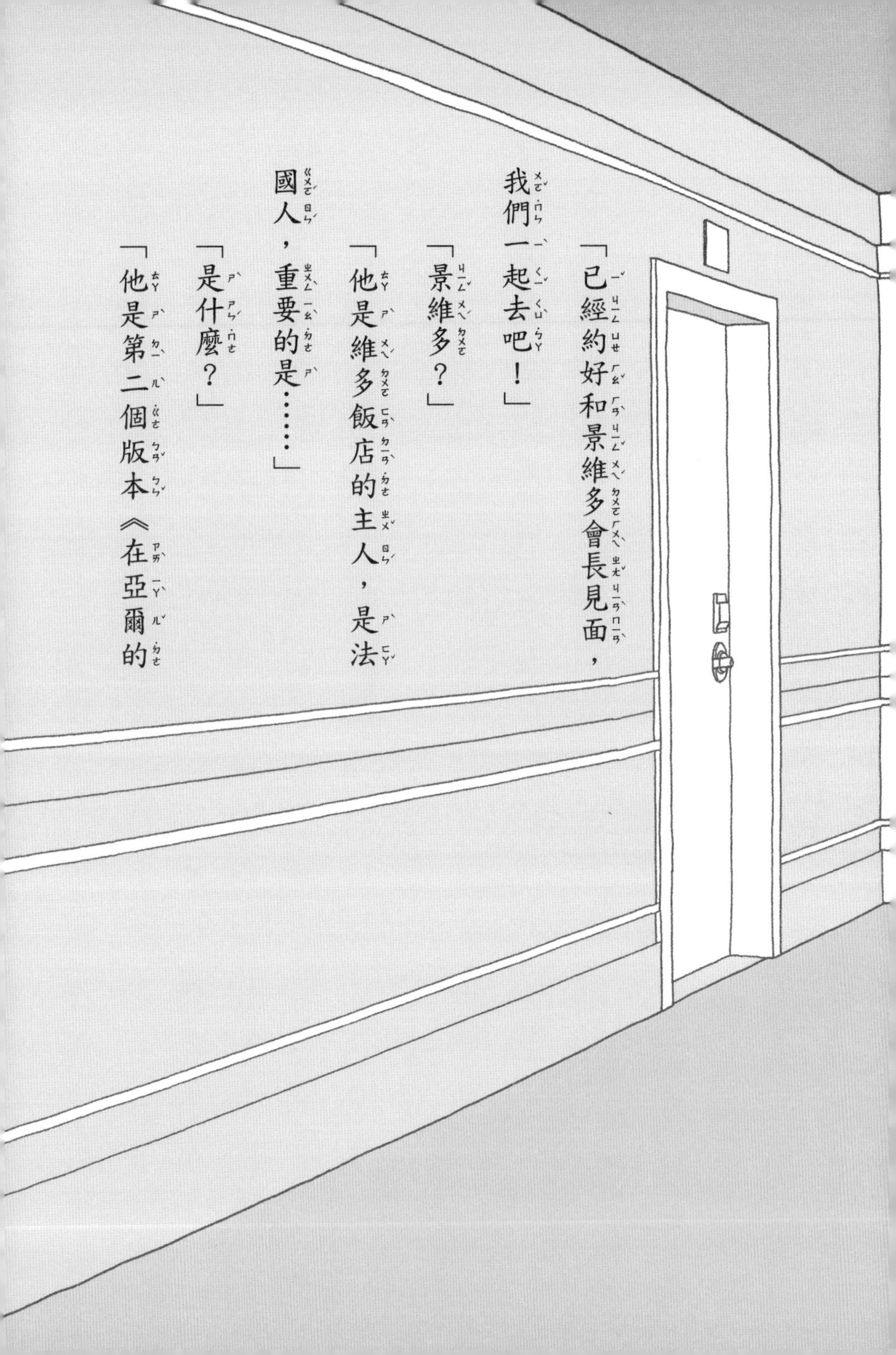

「已經約好和景維多會長見面，我們一起去吧！」

「景維多？」

「他是維多飯店的主人，是法國人，重要的是……」

「是什麼？」

「他是第二個版本《在亞爾的

臥室》的主人。」

三個人跟著潔米繼續走。

會長辦公室在一樓走廊的盡頭。

「有點奇怪！」車禮祿單手托著下巴。

「哪裡奇怪？」

對羅迪的疑問，車禮祿回應了。

「會長辦公室通常不是在頂樓嗎？這裡卻是在一樓。」

「一定是為了更近距離接觸客人吧！」

羅迪不以為意的回答，車禮祿則拿出筆記本記錄著。

走進會長辦公室時，中間放著一張長沙發，一位男子坐在寬敞的桌子後面。那是一位白髮梳到腦後的西方人，他身後的牆上掛著一幅很大的旗幟。旗幟上有兩隻前腳抬高、互相對視的獅子圖案，旗幟下方則有一把長劍橫放著。

「喔！是丹妮珂小姐。」男人握住丹妮珂的右手，在手背上輕輕吻了一下。

「景維多，很高興見到你。」

潔米站了出來。

景維多貼著潔米小姐的雙頰打招呼。

喔！是景維多。
很高興看到你。

喔！丹妮珂小姐。

「潔米小姐，妳好！妳真是美麗啊！」

羅迪聽了心裡不是滋味，大聲喊道：

「在韓國，就應該用韓國人的方式打招呼！」

景維多看著羅迪和車禮祿。

「哦！您們是？」

「這兩位是丹妮珂小姐請來的人，是韓國的文化遺產專家羅迪博士，還有車禮祿先生。」

潔米介紹著，景維多卻露出不以為然的表情。

「看來丹妮珂小姐很擔心。」

「我的名畫不能不見啊！」

「請不要擔心，我總是和世界一流的人工作。你說你是羅博士嗎？既然來了，就好好看看再走吧！」

丹妮珂大聲的說：

「我不是叫他們來參觀的！有文化遺產專家在，我才安心。」

羅迪對和他站同一陣線的丹妮珂，總算有點好感。

景維多向著書桌後的牆邊走去。

「若是丹妮珂小姐這樣堅持，我也無可奈何，可是你們好像不太了解我們的家族，有點可惜！有看到這面旗幟吧？」

羅迪挖了挖耳朵回答：

「四方形的旗幟？你就掛在那裡給大家看，有什麼好問的呢？」

景維多瞪了他一眼說：

「你知道法國在位最久的國王——路易十四吧？就是他把那面旗幟賜給我們祖先的，是我們的傳家之寶。我們的家族在法國是最好的，不，是全世界最好的。」

車禮祿走近旗幟，仔細的看了看。旗幟的左右兩邊及下方用線捆起來，其中有一條線的顏色比較亮，車禮祿還仔細觀察其他的部分。

羅迪看著天花板：

「那麼厲害怎麼會把畫作弄丟呢？」

瞬間，景維多皺起了眉頭。

「我說的話讓你懷疑嗎？懷疑我們的家族嗎？」

景維多走向前，推開車禮祿的肩膀。

「小子，讓開去！」

景維多拿起旗幟下方的劍，慢慢地拔出一半，閃著銀光的劍鋒，發出銳利的光芒。

「羅迪博士，如果有人無視我們家族的話，就提出決鬥的邀請吧！就是這把劍的意義。」

「咕嚕！」羅迪聽了很緊張，這個時候丹妮珂站到羅迪的前面，對景維多提出疑問。

「我的畫還在吧？」

景維多便領著車禮祿一行人搭上了電梯，抵達最高的三十樓，電梯門打開，映入眼簾的是寬敞的禮堂，禮堂兩邊掛著不同的畫作。

「這都是我收藏的畫作，邊走邊欣賞吧！」

「也沒什麼特別好看的！」

羅迪小聲的嘀咕著。禮堂內的地板鋪著紅色的地毯，一直延伸到金色的門。走到了金色的門，景維多轉身看著在場的人。

「這裡是專為梵谷而存在的房間。」

「只有我和丹妮珂小姐知道密碼，丹妮珂小姐，妳應該沒有把密碼告訴誰吧？」

「嗯……。」

丹妮珂猶豫了一下，然後閉上了嘴，車禮祿當然沒有放過這一幕。景維多摸了門把旁的畫面，出現了數字按鍵。

景維多用身體擋住，按了密碼。

「嘟嘟嘟！」

厚重的門往左右兩邊慢慢打開，可以看到牆上有兩幅畫作，左邊

是第二個版本的《在亞爾的臥室》，右邊則是第三個版本《在亞爾的臥室》。景維多擁有的第二個版本，比丹妮珂的第三個版本稍微大一點，兩幅畫的顏色和形狀幾乎相同。

「丹妮珂小姐，如果這裡的門關著，誰都進不來這

間密室。展覽期間會有保全在這裡守護著，不需要擔心。」

「嗯，這還可以。」

「簡直可以說這裡是為了《在亞爾的臥室》而設的臥室！」

「噗哧！」

羅迪一聽笑了起來。景維多皺起眉頭。

《在亞爾的臥室》第三個版本

「羅迪博士，有什麼事嗎？」

「沒有啦！單純想笑而已，你說的話很有意思。」

這時車禮祿指著兩幅畫的中間喊道。

「那邊有東西！」

一張紙條被夾子夾著，景維多走過去，拿起那張紙。紙上寫著紅色的字，景維多大聲唸了出來。

《在亞爾的臥室》第二個版本

「當紅月升起的夜晚，我將會帶走《在亞爾的臥室》。」

密室裡的人都感到驚訝。

「不是啊！」在旁邊看到紙條上的字，羅迪高呼。

「怎麼了，博士？有什麼頭緒嗎？」車禮祿問。

「沒有，只是那個字寫得真醜。」

「那不是重點吧！」

3 紅月升起的夜晚

維多飯店會長辦公室。

車禮祿和丹妮珂、羅迪和潔米坐在沙發上，而坐在自己位置上的，景維多打破了沉默。

「第一個版本的《在亞爾的臥室》消失了，結果……」

「這幅畫是爸爸媽媽留給我的！絕對不能弄丟！」

丹妮珂不知道該怎麼辦，車禮祿安慰著她。

「畫作還沒消失，不用太擔心。」

原本沉默的羅迪說：

「如果《在亞爾的臥室》消失就糟了，名畫被偷走，我們國家會被全世界批評的！」

這時有人叩叩的敲門。

「是誰？」

景維多說完話，門便打開了。戴著黑色墨鏡的男人走進來，他拿出自己的證件給大家看。

我是國際警察
馬丁．亨利。

「我是國際警察馬丁・亨利。」

景維多接著說：

「馬丁刑警從在荷蘭的時候，就開始調查此案件了。」

車禮祿仔細看著馬丁刑警。

「請問您在荷蘭的時候，是從第一個版本消失前就在了嗎？」

「是的，第一個版本是由梵谷博物館向梵谷基金會永久租借，所以特別派我來守護。小朋友，為什麼這樣問呢？」

車禮祿拿出筆記本，記下一些東西，此時響起了敲門聲，景維多不耐煩地大吼。

「又是誰啊？」

門開了，碎念十三號走了進來。

車禮祿和羅迪、丹妮珂和潔米、馬丁刑警一起到飯店的餐廳吃晚餐，景維多還有事情要處理，所以就留在會長室。自助餐廳裡的長桌上，擺滿了豐盛的食物，新鮮的沙拉、漂亮的蛋糕、水果，以及龍蝦等昂貴的食物，還有平時難得看到的各國佳餚。

羅迪看著食物，搓了搓手。

「這些餐點真是太豐富了！」

「現在竟然還有吃東西的心情？」

羅迪把湯盛到碗裡，對著車禮祿說：

「吃東西這樣幸福的時刻，當然要好好享受。」

車禮祿看著悶悶不樂的丹妮珂，端上了烤肉及大醬湯等食物。

「這是我們國家的傳統食物，吃吃看吧！」

「我沒胃口。」

車禮祿用叉子把烤肉放到丹妮珂的嘴裡。

「不是說我不想吃嗎？」

但嚐了一口烤肉後，丹妮珂便拿起叉子開始吃飯了。

「韓國料理真的很棒！」

車禮祿笑了笑，也開始用餐了，此時碎念十三號安靜地站在車禮祿後面。

馬丁刑警坐在餐桌旁，看著在密室發現的紙條。

「當紅月升起的夜晚，將會帶走《在亞爾的臥室》？紅月？紅月升起的夜晚……」

車禮祿放下筷子說：

「紅月只有在月全食的時候才看得到。」

馬丁刑警看了車禮祿一眼。

「月全食？快點說清楚！」

「月全食的時候，地球在太陽和月球中間，太陽、地球、月球一字排開，地球擋住通往月球的光，月球完全被地球的影子遮住了，這時

從地球旁邊經過的光，因為被地球大氣折射而彎曲、被地球大氣散射，只有波長較長的紅光才能到達月球，因為紅光反射使得月球看起來呈現暗紅色。」

「那月全食什麼時候會發生呢？」

車禮祿看了筆記本上的月曆，計算著日期。

「就是今天晚上了！」

馬丁刑警拍了拍大腿，從位子上站起來。

「那麼今天晚上好好守著就沒問題了！」

維多飯店三十樓的保全人員都已經就位，馬丁刑警也留在現場。

車禮祿一行人則聚集在一樓咖啡廳，此時喝著巧克力的丹妮珂說：

「我很小的時候，爸爸媽媽就把《在亞爾的臥室》掛在我的臥室，看著那幅畫，會讓我想起過世的爸爸媽媽，所以絕對不能被偷走！」

潔米回應著說：

「倫斯特拉家族靠著展示名畫的收入才走到現在，如果畫作不見將會有很大的影響。」

「潔米，現在錢是重要的事嗎？」丹妮珂大聲地說。

潔米面不改色地回答。

「丹妮珂小姐，請認清現實吧！家族若是垮了，您就要獨自一人

到育幼院去的。」

車禮祿慢慢地看了潔米一眼，羅迪則攔在丹妮珂和潔米之間。

「現在都冷靜點，如果《在亞爾的臥室》不見的話，韓國的面子就丟大了。」

「對啊！不能就這樣放著不管。」車禮祿點了點頭。

潔米繼續說：

「維多會長為了蓋飯店也欠下不少債務，所以真的不能發生偷竊事件而影響聲譽。」

車禮祿又在筆記本裡寫下一些東西。

「車禮祿，從剛剛開始就在寫什麼啊？」丹妮珂問。

「從剛剛到現在聽到的內容，要完全的記錄下來才可以啊！」

車禮祿合起筆記本，看了掛鐘一眼。

「時間差不多了！」

車禮祿起身走到窗戶邊，可以看到天上的月亮。

「月全食開始了！」

「真的嗎？」

丹妮珂走到車禮祿旁邊，盯著月亮看，羅迪和潔米也走到窗戶邊。

「喔！月亮開始在變化了！」丹妮珂指著月亮大喊。

過了一陣子，羅迪和潔米走回座位坐了下來。丹妮珂和車禮祿繼續站在窗戶邊，因為月亮的變化十分緩慢，所以丹妮珂的眼睛從來沒有離開過月亮。

「真的是紅月！」

丹妮珂看著紅月，突然低下頭，車禮祿看了一下問：

「怎麼了嗎？」

垂頭喪氣的丹妮珂，雙眼漸漸泛紅。

「好想念爸爸媽媽喔！」

車禮祿也好想念爸爸媽媽。

過了不久，月全食結束了。

羅迪和車禮祿回到臥室，車禮祿坐在床邊看著筆記本。

碎念十三號安靜地站在臥室的一個角落。

完成梳洗的羅迪，邊用毛巾擦著臉邊走近車禮祿。

「禮祿，你在看什麼？」

「我在看今天寫的一些筆記。」

看著車禮祿筆記本的羅迪說話了。

「什麼？嫌疑人？連潔米小姐、景維多和國際警察都有可能？」

那是月球被地球影子擋住的月全食。
真的是紅月！

「誰也不知道會是誰啊！」

「我的媽啊，乾脆連我也寫上去好了。」

車禮祿合起筆記本。

「博士您倒是沒有必要，您總是跟我在一起，我能監視您啊！」

「別講那些有的沒的，關燈吧！該睡了。」

羅迪關了燈，躺在床上。

天亮了，車禮祿和羅迪的房門，不知道是誰大力的敲著。

「砰砰砰！」

羅迪蓬頭垢面的揉揉眼睛起身，車禮祿卻已經整理好服裝儀容了。

「一大早是誰在敲門？」

羅迪碎碎念著，又躺下蓋棉被。車禮祿開了門，是丹妮珂。

「我要去看看畫是不是還在，一起去吧！」

車禮祿和羅迪跟著丹妮珂一起來到飯店三十樓，景維多、潔米管家和馬丁刑警都在那裡。看到丹妮珂後，景維多打開密室的門，在《在亞爾的臥室》的牆上，有一些從天花板垂吊下來，長長的布幔。

「嗯？布幔？昨天還沒有這個！」

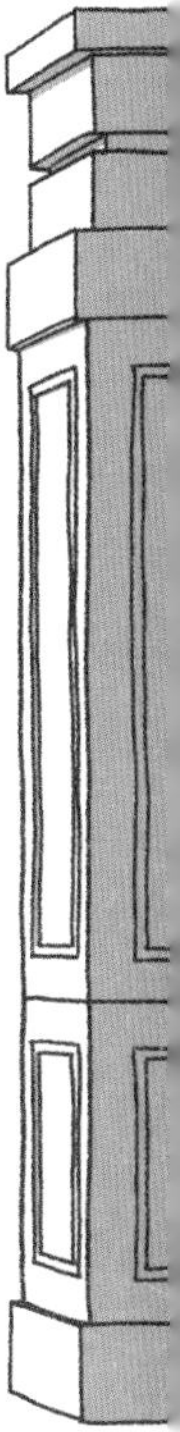

景維多朝著保全人員大聲的說：

「請把布幔拉起來。」

保全人員陸續將第二個版本及第三個版本的布幔拉起來，兩幅《在亞爾的臥室》原封不動的在原處。

「哇！真是鬆了一口氣！」

包括丹妮珂在內，所有的人都很高興。

畫作的上方安裝了連接電線的吊燈，車禮祿仔細的看著吊燈。

「布幔內側裝了吊燈？」

「這是為了讓畫作看起來更有氣氛而裝的。」景維多這樣說。

車禮祿走到景維多旁邊。

「維多叔叔，那個燈泡……」

聽到燈泡，景維多推了一下車禮祿的肩膀。

「小朋友，你怎麼一直在這裡？去別的地方玩吧！」

這時，馬丁刑警開口了。

「多虧有保全人員保護畫作的安全，現在可以放心了。」

羅迪用兩手輕輕推了車禮祿和丹妮珂的背。

「潔米小姐，去吃早餐吧！飯店的早餐時間好像已經結束了，要不要出去吃？我知道這附近有一間店……」

「您昨天不是說第一次來嗎？」車禮祿抬頭看著羅迪說。

「啊哈哈！」羅迪搔搔頭。

「好啊！三十分鐘後大廳見。」

放鬆下來的潔米笑了起來，羅迪很高興的和車禮祿一起回臥室了。

三十樓沒有留下任何一個人。

過了一陣子，《在亞爾的臥室》展場的金屬門悄悄的打開了。有一個人緩慢的走到丹妮珂擁有的《在亞爾的臥室》的旁邊，是位留長髮的人——潔米，她拉起來一半的布幔，並且安靜的看著。

羅迪和潔米、車禮祿及丹妮珂一起去維多飯店附近的咖啡店。咖

啡店裡有一個裝滿小球的球池，小朋友們玩得很興奮、一直尖叫。

「哈哈，網路上的留言說這裡很安靜……」

羅迪看著潔米尷尬的笑了，丹妮珂則被球池裡正在玩球的孩子吸引了目光。車禮祿走到她旁邊問：

「因為小朋友很可愛，所以一直看他們嗎？」

「不是，球池看起來好像很好玩。」

於是丹妮珂往球池跑了過去。

她一把抓起球，朝著車禮祿丟過去。

丹妮珂又抓著車禮祿，跑進球池裡面坐了下來，一旁玩的小朋友，

無不紛紛朝著她撲上去。丹妮珂一下子躲進球裡面，一下子又蹦出來，即使洋裝弄皺了也不在意。

「啊哈哈哈哈！」

身邊的小朋友全聚集到她旁邊，大人們也被這個漂亮的金髮小女孩在球池玩的樣子吸引。

一陣子後，精疲力竭的車禮祿，和仍然精力旺盛的丹妮珂，朝著羅迪和潔米走去。車禮祿從來沒有跟小朋友一起玩過，因為他從小就讀大學了。

車禮祿玩得好累，小聲的說：「我們走吧！」

4

第三個版本《在亞爾的臥室》消失了

車禮祿一行人傍晚時回到了維多飯店，三十樓禮堂即將展開飯店的紀念活動及展覽，車禮祿和羅迪收到丹妮珂的邀請而去到展場，現場有很多的人，是

從世界各國收到邀請的賓客，會場到處都是喝著飲料、談天的人。《在亞爾的臥室》的金屬門，也大大的敞開著。兩幅《在亞爾的臥室》還被布幔蓋著，一旁設置有講臺。

「那邊有桌子。」

車禮祿推了一下羅迪，展場內有幾張圓形的餐桌，丹妮珂和潔米正坐在一張圓形的餐桌邊，丹妮珂對車禮祿和羅迪招手。

「來這邊！」

看到潔米的羅迪露出了溫柔的微笑，他摸了摸許久沒有戴上的蝴蝶領結。

「平常也請這樣打扮！」

「不要吵！」

羅迪口氣不耐煩的回應車禮祿，他們坐定之後，羅迪試著和潔米說話。此時景維多走上講臺、抓著麥克風。

「歡迎各位蒞臨！感謝您們來參加在韓國維多飯店的開幕活動。因為諸位的參與，我們特別展出法國畫家文森．梵谷的《在亞爾的臥室》。」

「啪啪啪！」

在場的人們拍手歡呼，此時丹妮珂站起來大喊著。

「你在說什麼？梵谷是荷蘭人！」

景維多從容的笑了笑。

「從荷蘭來的丹妮珂小姐，我非常理解您的心。當然，梵谷在荷蘭出生的，但他主要都是在法國完成那些名畫的。」

「梵谷是荷蘭人！」

景維多瞇起雙眼，溫柔的表情變得冷酷。

「法國和荷蘭的戰爭，相信您是知道的！我的祖先參加了那場戰爭，當時冰凍的河如果沒有融化，法國大軍可能會進攻荷蘭，那麼荷蘭就會是我們法國的！」

丹妮珂從位子上猛然站起。

「你到底在胡說什麼？」

車禮祿問著羅迪。

「之前發生了什麼事？」

「十七世紀的故事，荷蘭和英國頻繁的在海上戰爭，當時荷蘭保護著法國的重罪犯。路易十四便偷偷的和英國、西班牙及德國約定好一起攻擊荷蘭。同時把唯一的好處，也就是得到荷蘭領土這件事給了法國。」

「那是一場很大的戰爭嗎？」

「也不是很大一場啦！景維多故意那樣說，是因為他的祖先參戰而得到旗幟啊！」

「原來講的是那面旗幟！」

車禮祿把眼鏡往上戴好，站在講臺上的景維多說話了。

「來，我們就別說那回事了！丹妮珂可能因為年幼才會這樣認為的，請各位多多包涵！」

丹妮珂因為氣憤而準備更大聲的說話，但是被潔米攔下來了。

「丹妮珂，冷靜一點！」

「潔米，我就說不要來景維多的展示會。」

車禮祿靜靜的觀察四周，景維多的大嗓門吸引了大家的注意。

「梵谷的名畫《在亞爾的臥室》第二和第三個版本即將公開！」

四名工作人員分別站在兩幅畫的旁邊，接著把蓋著的布幔拉開，來賓們拍手鼓掌，記者們此起彼落的按下快門，突然所有的快門停止了，記者們議論紛紛。

「咦？」

丹妮珂從座位上跳了起來，羅迪環顧四周。

「發生了什麼事？」

景維多跌坐在講臺上。

「我的畫去哪裡了？我的畫！」

左邊的第二個版本《在亞爾的臥室》只剩下畫框，但右邊的畫框內還留有畫作。跌坐在地的景維多周圍都是拍照的記者，同時丹妮珂不敢相信突然發生的狀況。

「爸爸媽媽給我的畫不見了！」

潔米摟著丹妮珂的肩。

「左邊景維多的畫不見了，但右邊丹妮珂小姐的畫還留在那裡。」

「那不是我的！」丹妮珂大喊。

車禮祿對羅迪說：

「博士，兩幅畫的大小不一樣。」

「好，來看看吧！」

羅迪用捲尺測量了圖畫的長度。

「你說得對，這是第二個版本《在亞爾的臥室》，是景維多的畫。」

車禮祿拿出筆記本，一邊記錄一邊自言自語。

「丹妮珂的畫不見了，而且畫作的位置也改變了。」

現場所有的人都接受馬丁刑警的調查後才離去，景維多站在展場的中間，丹妮珂和潔米、車禮祿和羅迪在他的旁邊。景維多大呼。

「這到底是怎麼一回事？」

那不是我的畫！

丹妮珂不滿的對著景維多大叫：

「你還說會好好保護它！」

「事情變成這樣，我那幅剩下的畫作也有危險，我也是受害者！」

車禮祿和羅迪安靜的走到展場後方。羅迪問：

「不是說紅月升起的夜晚會把畫作帶走嗎？」

「啊！」

車禮祿用拳頭打了手心一下。

「那是轉移注意力的伎倆啦！要讓大家把焦點放在紅月那樣的特別天象，紅月升起那天沒有發生什麼事情，所以大家都鬆懈了。」

車禮祿指著窗外，高掛在天上的月亮發出微弱的紅光。

「什麼？月亮又要變紅了？」羅迪驚訝的大喊。

「這幾天有很多懸浮微粒，空氣變得非常混濁。」

「對啊！」

「這是因為空氣汙染，所以月光受到懸浮微粒的散射，波長較長的紅光才能被我們看見。」

「所以不是月全食，而是月亮看起來是紅色的。」

羅迪點點頭，年幼的車禮祿真的很聰明呀！

「犯人很了解我們國家有嚴重的空汙問題，月全食不是常見的現

象，所以大家幾乎都在注意它。犯人沒有說謊，而且說到做到。」

「對，犯人有很強烈的自尊心。」

馬丁刑警回到展場。

「現在正在確認三十樓裝置的監視器，結果很快就會出來了。」

羅迪突然彈了個響指。

「對，犯人就是……」

「誰啊？」

眾人盯著羅迪看，羅迪胸有成竹的指著馬丁刑警。

「犯人就是馬丁刑警！因為他可以去任何地方！」

景維多點點頭。

「嗯，照這樣看來，馬丁刑警隨時都可以來把畫偷走。」

馬丁刑警大聲回應著。

「到底在說什麼？我為什麼要那麼做呢？」

這時一旁的車禮祿開口了。

「沒有證據就不能懷疑他人。」

「收集證據的人不就是馬丁刑警？」

景維多吼了起來，車禮祿便詢問馬丁刑警。

「密室裡面沒有設置監視器嗎？」

「沒有，因為景維多說不要碰密室。」

景維多對著車禮祿說：

「小朋友，你不要在這裡妨礙辦案，羅迪博士也離開吧！」

「我帶來的人，你憑什麼要他們走？」

丹妮珂大聲問景維多，這時馬丁刑警說：

「越多人知道狀況越好，而且車禮祿是一位非常聰明的人。」

景維多對著馬丁刑警大叫。

「竟然想從小朋友那裡得到幫助，我會另外找新的負責人。」

景維多說話的同時，羅迪朝著潔米走去。

「潔米小姐，請別太擔心，我一定會解決這個難題的。」

不久之後，景維多向大家說：

「突然消失的東西也不知道要找到什麼時候，大家都先離開吧！比起無法信賴的國際警察，我們飯店的保全人員似乎更好。」

丹妮珂大聲了起來。

「是因為你的畫還在那裡，所以很安心吧！」

「丹妮珂小姐，我念在妳還年幼所以處處讓著妳，但是不要太過份！這件事難道不是妳和潔米小姐兩個人主導的事情嗎？」

「你說什麼？」

潔米瞪大眼睛，景維多繼續說：

「倫斯特拉家族現在因為缺錢而岌岌可危吧？」

馬丁刑警看著潔米。

「潔米小姐，景維多說的話是真的嗎？」

「雖然是真的，但我們沒有理由把自己的畫偷走吧？」

潔米尷尬的臉紅了。

景維多冷笑了幾聲。

「哈哈，沒有理由？有人會不知道名畫有保險嗎？如果被偷可以

得到一大筆錢呢！看準了那巨額的保險金而這麼做不是嗎？」

「而且丹妮珂小姐一看到畫，馬上大叫自己的畫不見了，對吧？看到一模一樣的畫，馬上就知道不對勁，一般人會這樣嗎？」

《在亞爾的臥室》三幅畫作的顏色和形狀都很相似，如果只看其中一幅，連專家都很難馬上看出是第幾個版本。可是丹妮珂不一樣，她從小每天看第三個版本，當然到了只要看一眼就能認出來的程度。

馬丁刑警也點點頭。

「我也很認同，連文化遺產專家羅迪博士都需要測量長度了。」

車禮祿向前站了一步。

「這兩個人一早就和我們在一起了，哪有時間可以做這件事呢？」

景維多冷笑了一下。

「那種事情根本不用多久的時間。」

這時馬丁刑警從口袋拿出手機。

「好……我知道了。」

馬丁刑警結束通話後，把手機放回口袋。

「今天早上保全人員離開後，有兩個人進去過密室，第一位是景維多。」

景維多大喊著。

「我進去的時候，畫還在那裡！為了確認我的畫才進去，不行嗎？」

「第二位是潔米小姐。」

車禮祿安靜的拿出筆記本。

景維多吼著。

「潔米小姐，妳為什麼要偷走畫呢？」

「我只是確認畫是否還在而已。」

丹妮珂在一旁開口。

「對啊，因為要請她確認，所以我把密碼告訴她了。」

景維多哼了一聲。

「原本約定好只有我和妳知道密碼，妳卻告訴別人？」

車禮祿歪著頭思考。

「丹妮珂年紀還小，所有的事情都是潔米處理的，當然會把密碼給潔米。」

此時馬丁刑警往前走了一步。

「如果景維多移走了這幅畫，那麼當潔米小姐進入時，就會發現畫不見了。」

景維多拍了手說道。

「沒錯！這樣就可以證明不是我偷走畫的。」

潔米著急地說：

「我只是確認丹妮珂小姐的畫是否還在，其他東西都沒碰觸。」

「不要找藉口了，該不會已經賣到哪裡去了吧？一定是賣給對文化遺產很有興趣的韓國人了，所以白天才會一起出去！」

對著潔米大吼的景維多，望向丹妮珂。

「丹妮珂小姐，請快點說出事實的真相吧！」

丹妮珂因為無故被冤枉，感到非常氣憤。

這時車禮祿打破沉默。

「等等！第一個版本《在亞爾的臥室》已經在荷蘭消失了。」

馬丁刑警點點頭。

「對啊！」

景維多向著他大吼。

「你不要插手到大人的事情，快點出去！」

「第三個版本《在亞爾的臥室》也接著消失了，現在只剩下景維多叔叔的第二個版本《在亞爾的臥室》。」

景維多指著他鼻子。

「你說這話是什麼意思？」

羅迪彈了一下手指。

「啊！」

「博士也懂了！」

丹妮珂抓著車禮祿的肩膀。

「什麼意思啊？」

「《在亞爾的臥室》現在只剩下一個版本，那這幅畫的價值將會一飛沖天。」

羅迪點點頭。

「沒錯！原本有三幅一樣的畫，如果只剩下一幅畫，那這幅畫的

價值真是無法想像，因為變成了世上唯一的畫。」

馬丁刑警看著景維多，景維多哼了一聲。

「那麼，第一幅畫也是我偷走的嗎？」

突然車禮祿的眼神變得銳利。

「新聞是說第一幅畫不見了，沒有說是偷走的！」

馬丁刑警點點頭。

「這孩子說得對，調查還沒有結束，景維多為何這麼說呢？」

景維多有點不知所措，皺著眉頭大聲說：

「如果它不見了，當然就是被偷了。現在是把小朋友的玩笑話當

真嗎？」因為沒有證據，馬丁刑警也拿他沒有辦法。

安靜看著筆記本的車禮祿抬起頭來，他點點頭後開口說：「丹妮珂的《在亞爾的臥室》，我知道在哪裡了。」

車禮祿的推理筆記

嫌疑人 1
潔米姊姊

因為倫斯特拉家族的經濟問題，有很多煩惱。

圖畫消失前是最後一個進入密室的人。

嫌疑人 2
景維多

為了蓋飯店欠下許多債務。

自己的圖畫還在。

嫌疑人 3
馬丁刑警

第一個版本《在亞爾的臥室》消失前，他負責保安工作。

他可以自由地去任何地方，也可以任意隱藏線索。

5 原來犯人就是你！

大家都很驚訝。

「真的嗎？你知道我的畫在哪裡？」丹妮珂大叫。

羅迪和潔米兩人也瞪大眼睛，馬丁刑警跪坐了下來。

「你知道第三個版本在哪裡是真的嗎？我們找遍了整個飯店都找不到！」

「有個地方可以猜到，一開始說圖畫沒有離開過密室對吧？」

「快點說！」丹妮珂催促著。車禮祿舉起一隻手，他指著的地方是第二個版本《在亞爾的臥室》。

羅迪在車禮祿耳邊竊竊私語。

「車禮祿，不要為了想在丹妮珂面前出風頭，而說出不合理的話。」

景維多皺著眉頭大呼。

「你們把小孩的話當真，真是令人失望，我要走了。」

景維多走向電梯，馬丁刑警對車禮祿也有點失望。

「潔米小姐、羅迪博士，我們一起離開吧！」

只剩下丹妮珂看著車禮祿，丹妮珂仍然對車禮祿抱持著希望。車禮祿對著景維多大聲的說：

「景維多，你很了解韓國諺語，有一句諺語『油燈底下最黑』，最明顯的地方就是最看不到的地方。」

景維多轉身大喊：

「你是什麼意思？」

「有人把第三個版本，放在第二個版本的下面了，第三個版本的尺寸比較小，如果放在第二個版本下是根本看不到的。」

車禮祿露出自信的眼神，每個人都吃驚的看著他。

「因此兩幅畫是重疊在一起的，然後再把畫掛在第三個版本的位置上。」

「為什麼這麼做？」羅迪問。

「為了預防第三個版本的主人來查看，因為畫被厚重的布幔蓋著，所以潔米姊姊只確認丹妮珂的畫就走了。」

「對，沒錯。我只是稍微拉開布幔確認畫，左邊的畫根本都沒碰。」

聽完潔米小姐的話，車禮祿繼續說：

「因為畫都是一樣的，不論是誰都很難區分。除了從小看著畫長

大的丹妮珂以外，所以她知道那幅畫不是她的。」

馬丁刑警看著第二個版本《在亞爾的臥室》，點了點頭。

「左邊的畫被放到右邊了，那就打開畫框確認一下」

景維多擋在畫前面。

「你在胡說什麼？如果沒有好好地打開畫框，可能會損壞畫作，我不允許任何人打開畫框。」

馬丁刑警指著羅迪。

「羅迪博士不是文化遺產專家嗎？他一定有辦法不讓畫受損，又可以打開畫框。」

景維多揮了揮手。

「憑他這個人，我是絕對不會把畫交給他的，如果對畫造成一點傷害，我一定會要求巨額賠償金。」

羅迪嘆了一口氣，這時車禮祿拿出一樣東西。

「不要打開畫框就好了，對吧？」

車禮祿拿出的是無線遙控器，碎念十三號走進了密室。

「使用X光的話，就不會傷害到畫作。」

羅迪高興的拍手。

「對！可以使用X光。」

馬丁刑警問車禮祿。

「有可能嗎？」

「是的，使用X光，還可以推測顏料成分，那個機器人有X光的功能。」

「哇！快點叫那個機器人來確認！」丹妮珂興奮的大叫。

「等等，這是在做什麼！」

景維多向前站了一步，馬丁刑警攔住他。

「現在不會打開畫框，只是確認一下，請配合調查。」

景維多只好閉上嘴巴，羅迪和潔米小心翼翼的拿著第二個版本

《在亞爾的臥室》的畫框，碎念十三號把手放在畫的前、後面。

「嗶嗶嗶嗶！」

碎念十三號亮起紅燈，拍攝就停止了。羅迪和潔米把畫掛回牆上，碎念十三號的畫面出現了剛剛拍攝的影像。

「有！在裡面！」

羅迪看著畫面大喊。畫的下面可以看到還有一幅畫。

「真是太好了！」

丹妮珂高興的大叫，然後怒視著景維多。

「你把我的畫藏起來，你這個大壞蛋！」

馬丁刑警從懷裡拿出手銬，對景維多說：

「請跟我走吧！」

「哈哈哈！」景維多突然笑了起來。丹妮珂大聲的喊著。

「你笑什麼！」

「妳有證據證明是我做的嗎？」景維多指著丹妮珂。

「也有可能是妳做的，誰知道呢？」

「我沒有進來過這裡，當然是你！」

「丹妮珂，是妳叫那女人做的吧？妳這小鬼！」

馬丁刑警收回了手銬。

「這話也對！密室裡面沒有攝影機，無法確認是誰做的，總之請大家都先離開犯罪現場吧！」

一樓的會長室裡，車禮祿、丹妮珂和大家聚集在一起，景維多坐在自己的位子上嘆氣。

「我們家族從來沒有受過這種侮辱，你們竟敢懷疑我們家族！」

丹妮珂大聲說：

「懷疑的是你，不是你的家族！」

「真是個沒家教的孩子，馬上離開我的飯店！」

「景維多先生，你說的話太過分了。」

潔米站到丹妮珂前面。羅迪接著大喊：

「對啊！你仗著自己是飯店會長而口不擇言。」

馬丁刑警用手指輕觸下巴。

「那封威脅信也是景維多寫的？但是筆跡不一樣。」

車禮祿點點頭。

「大概是用左手寫的，如果用左手寫字，筆跡就會不一樣。」

羅迪拍著膝蓋。

「所以才會那麼醜啊！」

景維多嘆了一口氣。

「隨便你們怎麼想吧！」

就在此時，會長室的門打開了，一名國際警察急忙走進來。

「馬丁刑警，出大事了！」

「是什麼事啊？」

「三十樓《在亞爾的臥室》展廳發生火災了，濃煙從門縫飄出來，但門鎖住了進不去。」

景維多馬上從位子上跳了起來。

「出了什麼事？我的畫，我的畫，該怎麼辦啊？為了怕畫被弄壞，

密室沒有安裝灑水系統。」

丹妮珂也站了起來。

「不行，爸爸媽媽給我的畫會被燒壞的！」

丹妮珂要衝上去，卻被潔米攔了下來！

「危險！」

「不行，我要上去！」

馬丁刑警抓住她。

「不行，現在上去的話可能會被濃煙嗆傷，請大家趕快到外面避難。」

就在此時，車禮祿一個人跑向外面。

「車禮祿，你要去哪裡？」羅迪大聲問。

景維多一臉不屑的樣子。

「他應該是害怕的逃跑了，真是沒有義氣的孩子。」

丹妮珂望著車禮祿離開的門。

「剛剛我跟車禮祿說密碼了。」

「什麼？」

羅迪跑到走廊張望，但是已經看不到車禮祿了，飯店所有的人都疏散到外面避難，而羅迪看著電梯。

「車禮祿，該不會搭電梯去展場吧？火災的時候不能搭電梯，一旦斷電，電梯就會停住，人在電梯裡會被濃煙嗆傷！」

6 車禮祿被關在展覽密室

「咳——咳——！」

羅迪的臉和背、全身都是汗，但他仍然堅定的向上走。

「唉！好累喔！怎麼才到二十樓而已？這小子怎麼會去

那麼危險的地方？」

羅迪到了三十樓，幾名保全人員在禮堂將其他的圖畫搬出來。《在亞爾的臥室》展覽密室，則從關著的金屬門縫裡不停的竄出濃煙。他們攔住了羅迪。

「這個地方很危險，請趕快離開。」

「有一個小男孩來這裡嗎？」

「沒有看到，我們也要去避難了。」

最後一位準備要去避難的保全人員對著羅迪喊：

「如果裡面火勢猛烈，這裡也不安全。」

「為什麼？沒有很多煙啊？」

「門打開的瞬間，裡面的火遇上外面的氧氣，可能會導致火勢更加兇猛。」

「你說什麼？」

所有的人都沿著樓梯下樓了，只剩下羅迪在那裡，他朝著金屬門

大喊：

「禮祿！車禮祿！你在裡面嗎？」

從門縫裡冒出來的煙更多了，牆邊有一個消防栓，羅迪把消防栓透明的玻璃打破，拿出防毒面具戴上。

「車禮祿！你在裡面嗎？」

門裡面傳出聲音。

「博士？」

是車禮祿的聲音。

「你真的在裡面？」

「博士，趕快去避難！」

「什麼？丟下你離開？」

「到走廊後面去避難！」

「走廊後面？為什麼？」羅迪往後退。

「咚咚咚！」從裡面有個東西用力的敲著門，金屬門因為重力撞擊而嚴重變形。

「匡！」

金屬門的碎片朝四周飛散，門也往兩邊打開了，密室裡的火已經熄滅，只有白色的煙飄出來，如果裡面有人的話，早就窒息了。

「禮祿！」

羅迪朝著門跑過去，煙霧間有個黑色的身影出現了，不是車禮祿而是碎念十三號，而碎念十三號手上拿著畫框。

「車禮祿呢？」

碎念十三號發出車禮祿的聲音。

「博士，我坐在一樓的咖啡廳，碎念十三號是我操控的。博士說要替碎念十三號換聲音，所以我就換成自己的聲音了。」

「是嗎？那應該要早點跟我說啊！」

丹妮珂在外面抬頭看著飯店，馬丁刑警和潔米小姐在她的旁邊。

從遠處傳來警笛聲，隨後消防車、救護車也到了。車禮祿和羅迪從大廳走出來，碎念十三號在他們後面，拿著畫框出來了。丹妮珂朝著車禮祿跑過去。

「車禮祿，你沒事吧？」

「我沒事，是碎念十三號將火熄滅的，還把圖畫救了出來。」

車禮祿從碎念十三號手中接過畫，交給了丹妮珂。

潔米朝著汗流浹背的羅迪走過去。

「真是辛苦您了！」

「哈哈，這是應該的啦！」

這時馬丁刑警大聲的說：

「景維多在哪裡？」

丹妮珂指著飯店的一樓。

「他沒有從會長辦公室出來。」

車禮祿一行人跟著馬丁刑警，往會長辦公室走去，看見景維多正拿著一個大包包在收拾行李。

「我要回去法國了，既沒有人受傷，也沒有任何的損害，現在總該把我的畫還給我了吧！」

「調查還沒結束，請問您現在要到哪裡去？密室起火的原因到現在還無從得知呢！」

「你的意思是我要燒毀我的畫嗎？你說的話是懷疑我要把畫偷走嗎？」

「唉！真是沒辦法。」

馬丁刑警放棄了，向後退了一步。

「等等。」

車禮祿朝著景維多走過去。

景維多皺起眉頭。

「你又要做什麼？」

車禮祿指著碎念十三號。

「碎念十三號的鏡頭把畫面拍攝下來了，從布幔的縫隙可以看到火花，裡面的燈泡也一直亮著。」

「你這小子到底要怎樣？馬上滾出去！」景維多朝著車禮祿大吼。

車禮祿繼續說：

「火是從蓋著左邊畫框的布幔開始的，隨著時間，燈泡的熱度會上升，光能會轉變成熱能，布幔會跟熱度起作用，因為布幔的材質是易燃的纖維。」

馬丁刑警向前走了一步。

「布幔已被認定為證物，只要再進一步調查就可以確認了。」

「你在說什麼？沒有點火竟然會起火？這像話嗎？」

景維多皺起眉頭。

「如果把燈泡和報紙放在一起，很可能幾個小時後就會起火，再加上使用細電線，會有更強的電阻，那麼火勢就會更快點燃。」

「電阻？」

「大量的電流通過狹窄的通道時，電線會發熱，就容易走火，造成火災。」羅迪拍了拍手。

「所以電子產品使用時會變熱，是因為這個原因啊！」

「對的！一開始還沒關係，如果太熱的話就會起火了。」

景維多走到車禮祿面前彎下腰，把自己的臉湊近車禮祿。

「小子，你的意思是我要燒我的畫，所以在那裡裝燈泡嗎？」

「是為了防範偷第三個版本《在亞爾的臥室》被發現，才會裝的吧！」

「你到底在胡說什麼？」

景維多兩手插腰，眼睛瞪著車禮祿。

「三十樓是頂樓，如果發生火災，對飯店的損失會很小。」

景維多笑了笑，沒有理會。

車禮祿繼續說：

「我要說燈泡很危險的時候，景維多打斷了我。我擔心密室會起火，便把碎念十三號放在密室裡面。」

景維多的表情大變，他看著車禮祿怒吼。

「我為什麼要燒毀梵谷的畫？你還不馬上離開嗎？」

聽到一半的羅迪拍了一下膝蓋。

「不是說還有第一個版本嗎？如果另外兩幅畫都不見了，第一個版本的價值就會上升，賣掉的話可以賺很多錢。景維多，聽說你最近

為了蓋飯店欠下很多債？」

「你在說什麼？」

景維多瞇起雙眼。車禮祿將眼鏡往上托了一下。

「我第一次來會長辦公室時就看到了。」

「看到什麼？」

「那面旗幟有一邊的線，顏色看起來很新。」

「你在說什麼？」

「其他的線都已經褪色了，得到這面旗幟，經過這麼長久的時間也很正常。」

「你是什麼意思？」

「旗幟上藏了一個祕密，博士，可以幫忙檢查一下嗎？」

「咦！來看看！」

羅迪走近並檢查旗幟，旗幟比想像中的要厚。

「把手拿開！你要是動了我們的傳家之寶，我是不會放過你的！」

景維多要阻止羅迪，馬丁刑警立刻抓住了他。

「為了調查，請不要亂動。」

羅迪檢查了旗幟的邊緣。

「左邊的線和其他的不一樣，咦，旗幟裡面好像有東西呢！」

車禮祿大叫：

「請小心一點！旗幟裡面可能有第一個版本《在亞爾的臥室》！」

羅迪拿著刀片，小心的割開旗幟的一側，看到了一張黃色的畫，竟然是第一個版本《在亞爾的臥室》。

「景維多，你也偷了第一個版本的畫作！」羅迪大叫著。

景維多怒視著車禮祿。

「你這臭小子！」

就在此時，景維多用力推倒馬丁刑警，馬丁刑警的頭撞到牆壁，昏了過去，景維多則拿起掛在牆上的劍。

羅迪嚇了一跳，逃到旁邊，潔米則保護著丹妮珂往後退。

景維多從劍鞘裡拔出劍，劍刃上散發出一股冰冷的氣息。

「我請求決鬥。」

「誰？我？」羅迪指著自己。

「像你這樣的傢伙，我才不在乎你。」

景維多握著劍把，朝向車禮祿衝去。

「車禮祿這小子！」

羅迪趕緊上前攔住。

「車禮祿躲開！」

丹妮珂和羅迪、潔米同時喊著，但車禮祿卻向前走了一步。

「好啊！我可是會使用我們傳家之寶的武器！」

車禮祿從口袋裡拿出無線遙控器，突然碎念十三號走到景維多旁邊。

「開始吧！」

車禮祿一說完話，碎念十三號的兩手把劍折斷成兩截。

「匡啷——！」

「不行！」

景維多看到斷掉的劍就跪了下來。

不行！
匡啷！

丹妮珂歡呼著。

「太棒了！萬能機器人！」

這時，馬丁刑警醒了過來，他走到景維多的後面，用手銬銬住他的雙手。

後記

車禮祿和羅迪前往國際機場，今天要向丹妮珂和潔米道別了，搭著計程車往機場的路上，羅迪看著車窗外突然大叫：

「等等，請停車！」

計程車停在一間花店前，羅迪進去店裡不久後再出來，出來時他把手藏在後面，原來手上拿了一大束花。

「為什麼買花？今天是誰的生日嗎？」

「哈哈，車禮祿，果然是小孩子，花不只是為了生日才送啦！」

計程車繼續行駛，抵達了國際機場。景維多藏起來的第一個版本《在亞爾的臥室》，和其他的兩個版本，這三幅畫都已放在飛機的貨艙了。車禮祿和羅迪進入機場，潔米和丹妮珂在候機室等候，羅迪把花束藏在背後，潔米笑著說：

「這次真的很感謝您們。」

羅迪深深的吸了一口氣。

「您太客氣了，嗯……我有一些話想告訴潔米小姐。」

羅迪臉紅了。

「我對妳……」

這個時候，一名金髮男子跑了過來。

「潔米！」

潔米也跑向那個男人，緊緊抱住他，潔米轉頭過來對羅迪說：

「博士，這位是我的未婚夫。」

「喔……」

羅迪急忙丟下背後手上的花束。

「我們先走了，丹妮珂小姐，快走吧！我們要搭機了。」

潔米和她的未婚夫離開了，羅迪呆若木雞的站在那裡。車禮祿撿起羅迪丟掉的花，送給了丹妮珂，丹妮珂收下花束，在車禮祿的臉頰上親了一下。

「我會再來看你的。」

丹妮珂漲紅著臉跟潔米走了，車禮祿對羅迪說：

「這種時候也用得上花吧！」

前往出境口的路上，丹妮珂轉身揮了揮手，車禮祿也揮了揮手。

羅迪看了怒吼著：

「你這毛頭小子！啊，果然還是家裡最舒服了，回家吧！」

車禮祿解開謎團
最關鍵的科學知識
我知道景維多放火的真相，是因為我知道的科學知識。
我放的火？
在沒有人的密室裡，火災是怎麼發生的？
那個很亮的燈泡，被厚厚的布幔蓋住，對吧？
那麼亮的燈泡，連接著一條很細的電線。
碎念十三號拍的畫面
密室的門關上之後，燈泡還是亮著。

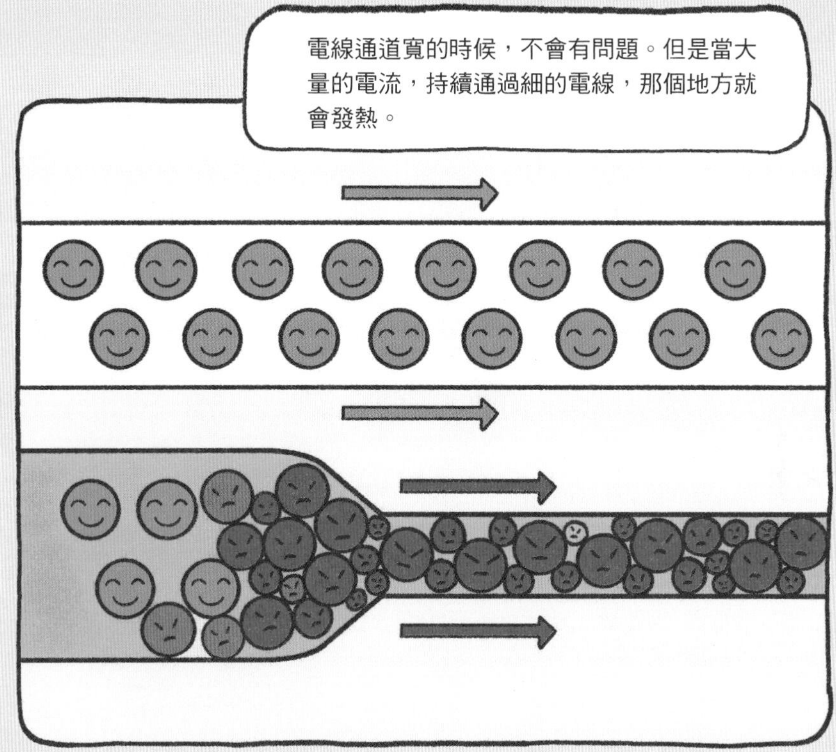
電線通道寬的時候，不會有問題。但是當大量的電流，持續通過細的電線，那個地方就會發熱。

插座如果像章魚腳一般插滿很多插頭，這樣是很危險的。
大量的電流通過插座時，會超過負荷而引起火災。

如果插頭沒有完全插入插座，
也是很危險的。
如果用報紙包住亮著的燈泡，其實也會起火的。景維多讓很細的電線連接很亮的燈泡，而且還有很厚的布幔包覆著，當然會起火了。
我的好主意竟被發現了！

第三冊再見吧！

故事館
故事館 020
科學天才小偵探 2：梵谷名畫的失蹤事件
꼬마탐정 차례로 다니크와 고흐의 방

作　　者　金容俊 김용준
繪　　者　崔善惠 최선혜
譯　　者　吳佳音
語文審訂　張銀盛（臺灣師大國文碩士）
責任編輯　李愛芳
封面設計　張天薪
內頁設計　連紫吟・曹任華

出版發行　采實文化事業股份有限公司
童書行銷　張惠屏・侯宜廷・林佩琪・張怡潔
業務發行　張世明・林踏欣・林坤蓉・王貞玉
國際版權　鄒欣穎・施維真・王盈潔
印務採購　曾玉霞・謝素琴
會計行政　許俽瑀・李韶婉・張婕莛
法律顧問　第一國際法律事務所　余淑杏律師
電子信箱　acme@acmebook.com.tw
采實官網　www.acmebook.com.tw
采實臉書　www.facebook.com/acmebook01
采實童書粉絲團　www.facebook.com/acmestory

I S B N　978-626-349-291-2
定　　價　340 元
初版一刷　2023 年 6 月
劃撥帳號　50148859
劃撥戶名　采實文化事業股份有限公司
104台北市中山區南京東路二段95號9樓
電話：(02)2511-9798　傳真：(02)2571-3298

國家圖書館出版品預行編目資料

科學天才小偵探 . 2, 梵谷名畫的失蹤事件 / 金容俊作 ; 崔善惠繪 ; 吳佳音譯 .-- 初版 .-- 臺北市 : 采實文化事業股份有限公司 ,2023.06
168 面 ; 14.8×21 公分 . -- (故事館 ; 20)
譯自 : 꼬마탐정 차례로 다니크와 고흐의 방
ISBN 978-626-349-291-2(平裝)

1.CST: 科學 2.CST: 通俗作品
307.9　　112006411

采實出版集團
ACME PUBLISHING GROUP